Marie König

Vergleich verschiedener Ernährungsformen der Menschen

GRIN Verlag

Bibliografische Information der Deutschen Nationalbibliothek:

Die Deutsche Bibliothek verzeichnet diese Publikation in der Deutschen Nationalbibliografie; detaillierte bibliografische Daten sind im Internet über http://dnb.d-nb.de/ abrufbar.

Impressum:

Druck und Bindung: Books on Demand GmbH, Norderstedt Germany
ISBN: 978-3-668-00435-1

Dieses Buch bei GRIN:

http://www.grin.com/de/e-book/301191/vergleich-verschiedener-ernaehrungsformen-der-menschen

Vergleich verschiedener Ernährungsformen

der Menschen

2013/2014, Deutsch

Böhme, Nina

1. Konsultation: 13. Februar 2014
2. Konsultation: 05. März 2014

Abgabe: 14. März 2014

Inhaltsverzeichnis

1 Einleitende Bemerkungen

In meiner Familie wird schon seit meiner Geburt auf eine gesunde Ernährung geachtet. Da eine gesunde Ernährung jedoch von jedem anders definiert werden kann habe ich beschlossen, mir meine eigenen Gedanken über diese Thematik zu machen.

Diese Arbeit soll allgemein von der Ernährung des Menschen und deren Auswirkung handeln. Innerhalb zwei Projektwochen meiner Schule lernte ich viel über Stress im Alltag und dessen Bewältigung. Da ich persönlich selbst unter Stress durch die Schule und Aktivitäten in der Freizeit leide habe ich mir vorgenommen, eine Lösung zu suchen, um dieses Problem zu beseitigen und zu untersuchen, inwieweit die tägliche Ernährung im Zusammenhang mit dem eigenen Wohlbefinden steht. Ein anderes Ziel dieser Arbeit soll die Sensibilisierung und womöglich sogar ein Umdenken meiner Mitmenschen sein.

Viele Menschen haben heutzutage eine negative Einstellung gegenüber der veganen Ernährungsweise. Sie sind der Meinung, mit dieser Art kann keine Weltbevölkerung ernährt werden und dass Veganer Moralapostel seien.[1] Dass man sich durch diese Art und Weise der Ernährung fitter und kraftvoller fühlen kann, ziehen sie nicht in Betracht.[2]

Deswegen werde ich auf den folgenden Seiten eine Auskunft darüber geben, was unsere Nahrung überhaupt beinhaltet und welche Alternativen der Ernährungsformen es gibt und dabei besonders auf die vegetarische Ernährungsweise eingehen um herauszufinden, ob diese es möglich macht, eine bessere Lebensqualität zu erreichen. Im praktischen Teil dieser Belegarbeit steht ein Projekt im Mittelpunkt, in welchem es um eigene Erfahrungen und die Auswirkungen des Vegetarismus geht.

---

[1] Vgl. Martina Hahn (2014), S. 22

[2] Vgl. Martina Hahn (2014), S. 21

2 Hauptteil

2.1 Inhaltsstoffe unserer Nahrung

Unsere Nahrung besteht im Allgemeinen aus Nahrungsmitteln wie Brot, Butter, Fleisch, Eiern, Milch, Obst und Gemüse. Da die Vielfalt der Substanzen sehr groß ist, werden diese nach ihrer Wirkung in Gruppen eingeteilt, um besser Aussagen zu unserer Ernährung machen zu können.

Zum einen gibt es die Eiweiße, welche wichtig für den Aufbau verschiedener Zellbestandteile und eine Voraussetzung für Bildung und Wachstum von Organen, Hormonen und Enzymen sind.
Die Fette dienen zur Lieferung von Energie. Ebenfalls sind sie am Aufbau von Zellen beteiligt.
Kohlenhydrate dienen genauso wie die Fette zur Lieferung von Energie, aber auch zum Aufbau von Abwehrstoffen und Blutgruppensubstanzen.

Mineralstoffe sind wichtig für den Aufbau von Skelett und Zähnen, sie sind ein Bestandteil vom Blutfarbstoff und von Hormonen sowie Enzymen.

Ballaststoffe sorgen für eine geregelte Verdauung und binden gleichzeitig Gift- und Schadstoffe.
Vitamine regeln den Ablauf lebenswichtiger Prozesse im Körper wie zum Beispiel Blutbildung und Abwehr von Krankheitserregern.[3]

2.2 Verschiedene Ernährungsformen

2.2.1 Ausgewogene Mischkost

Eine ausgewogene und gesunde Ernährung bedeutet, dass der Körper täglich die Menge Energie erhält, die er benötigt. Eine ausgewogene Mischung wichtiger Nährstoffe wird dazu gebraucht. Um einen gesunden Stoffwechsel zu ermöglichen müssen in ausreichenden Mengen Eiweiße, Kohlenhydrate, Fette, Vitamine, Ballaststoffe und Mineralstoffe eingenommen werden. Da der Körper diese wichtigen Nährstoffe nicht alle selbst bilden kann ist er auf die regelmäßige Zufuhr über die Nahrung angewiesen.[4]

[3] http://ms1-oelsnitz.dyndns.info/2011/Gruppe1/HTML-Seiten/Nahrung%20des%20Menschen.htm
[4] http://www.tk.de/tk/ernaehrung/ernaehrungsformen/ausgewogene-mschkost/37970

2.2.2 Vollwertkost

Die Vollwerkost basiert hauptsächlich auf Lebensmittel wie rohes oder gedünstetes Gemüse, Obst, Getreideprodukte, Hülsenfrüchte und Milcherzeugnisse. Auf tierische Produkte, künstliche Zusatzstoffe, industriell hergestellte Erzeugnisse und raffinierten Zucker wird weitgehend verzichtet.[5]

2.2.3 Vegetarismus

Die vegetarische Ernährungsweise lässt sich in drei unterschiedliche Formen unterteilen. Bei der veganen Form wird ausschließlich pflanzliche Kost zu sich genommen. Jegliche vom Tier stammenden Produkte werden abgelehnt.

Die lacto-vegetabile Form beinhaltet Pflanzenkost ergänzt durch Milchprodukte, ebenso wie die ovo-lacto-vegetabile Form, bei dieser werden jedoch zusätzlich noch Eier zu sich genommen.[6]

3 Vorteile und Nachteile der vegetarischen Ernährung

Aufgrund vieler übergewichtiger und unter Diabetes leidender Menschen ist die negative Entwicklung der Essgewohnheiten ernst zu nehmen und zu bekämpfen.

Dafür ist die Umstellung auf eine ovo-lacto-vegetarische Ernährungsweise ein guter Anfang, da diese viele Vorteile mit sich bringt.

Zur Deckung des Proteinbedarfs ist Fleisch nicht nötig. Um pflanzliches Protein gegenüber dem tierischem aufzuwerten, ist eine abwechslungsreiche vegetarische Ernährungsweise wichtig.

Vegetarier sind gegenüber Personen welche Fleisch essen seltener übergewichtig und haben seltener einen erhöhten Blutdruck sowie einen erhöhten Blutfettspiegel.

Die Lebenserwartung ist bei ihnen ebenfalls höher, da durch diese Ernährungsweise das Risiko für viele ernährungsbedingte Krankheiten wie Diabetes mellitus, Gicht oder Herz-Kreislauf-Krankheiten gesenkt wird.[7]

---

[5] http://www.tk.de/tk/ernaehrung/ernaehrungsformen/vollwertkost/37966

[6] http://www.tk.de/tk/ernaehrung/ernaehrungsformen/vegetarier/37950

[7] https://vebu.de/aktuelles/news/613-deutsche-gesellschaft-fuer-ernaehrung

Ein Nachteil dieser Ernährungsform ist, dass die Vegetarier an Mangel von Vitamin B12 leiden, da dieses nur durch Bakterien, welche in den Verdauungsorganen der Tiere leben, erzeugt wird. Das kann die Entstehung einer Erkrankung des Blutbildes zur Folge haben.[8]

4 Eigene Untersuchungen des Vegetarismus

4.1 Prinzip des Projektes

Da ich während der Beschäftigung mit dieser Belegarbeit so viele positive Eigenschaften der vegetarischen Ernährungsform kennengelernt habe beschloss ich, meine eigenen Erfahrungen damit sammeln zu wollen. Gleichzeitig wollte ich herausfinden, ob sich die Umstellung auf den Vegetarismus positiv auf das eigene Wohlbefinden ausübt.

Aus diesem Grund überzeugte ich meine Familie und Freunde davon, ein zweiwöchiges Projekt mitzumachen, in welchem sie sich ovo-lacto-vegetarisch ernährten und mir ihre Empfindungen mitteilten.

Es beteiligten sich inklusive mir 9 Personen. (8 weibliche Personen: jeweils 9, 17, 42 und 65 Jahre alt; 1 männliche Person: 43 Jahre alt)

Mein Opa entschied sich gegen dieses Projekt, da er der Meinung ist, der Mensch brauche Fleisch um sich wohl zu fühlen und gesund zu bleiben. Das verstärkte meinen Wunsch das Gegenteil zu beweisen zu.

Im Anhang sind der Fragebogen und mein Ernährungsplan dieser zwei Projektwochen zu sehen.

4.2 Auswertung des Projektes

Mein Bruder (20 Jahre alt) brach das Projekt nach zwei Tagen ab. Er war der Meinung, durch den Fleischverlust sein Fitnessprogramm nicht in voller Leistung ausführen zu können, da Fleisch für ihn eine wichtige Proteinquelle ist.

In Diagramm 1 und 2 sind die Häufigkeiten und die Bewertungen von Stressoren zu sehen, unter welchen die meisten Teilnehmer des Projektes litten, als sie sich durch eine ausgewogene Mischkost ernährten.[9] Fast 70 Prozent der Beteiligten waren sehr oft gestresst und empfan-

[8] http://www.lerntippsammlung.de/Vor_-und-Nachteile-vegetarischer-Ern-ae-hrung.html

[9] siehe Anhang

den dies auch als stark störend. Viele hatten ebenfalls das Problem sich schwerfällig zur fühlen und körperlich nicht belastbar zu sein.

In Diagramm 3 und 4 sind die Häufigkeiten und die Bewertungen von den Stressoren zu sehen, nachdem die Teilnehmer sich zwei Wochen lang ovo-lacto-vegetarisch ernährten.[10] Es ist deutlich zu erkennen, dass viele der problematischen Stressoren keine Rolle mehr bei den Beteiligten spielten. Sie waren ausgeglichener und weniger gestresst. Verantwortlich dafür sind die Fettsäuren. Durch eine fleischlose Ernährung nimmt der Mensch keine Arachidonsäuren auf, welche eine tierische Form der Omega-6-Fettsäure ist. Diese kann nämlich für schlechte Stimmungen sorgen.[11]

5 Abschließende Bemerkungen

Die Arbeit an diesem Projekt hat mir im Allgemeinen sehr viel Erkenntnis gebracht und auch Freude bereitet. Durch die positiven Auswirkungen der vegetarischen Ernährung habe ich mich dazu entschlossen, größtenteils kein Fleisch mehr zu essen. Anfangs war es ungewohnt, Brötchen nicht mehr mit Schinken essen zu können oder bei der Kartoffelsuppe auf die Wiener verzichten zu müssen, jedoch fällt es einem mit der Zeit immer leichter. Seit dieser Umstellung fühle ich mich fitter und bin weniger gestresst.

Mein Ziel, meine Mitmenschen zum Nachdenken in Bezug auf ihre Ernährung anzuregen, ist mir deutlich gelungen. Als ich mit meiner Familie vor kurzem in einem Restaurant zu Abend aß, bestellten sich drei von den fünf am Projekt teilgenommen Personen ein vegetarisches Gericht, was mich positiv überraschte.

Da sich mittlerweile schon eine Million Deutsche vegan ernähren, denke ich, dass viele Menschen sich nun mehr Gedanken über Alternativen zur Mischkost machen und somit andere, vorteilhaftere Ernährungsformen immer mehr im Kommen sind.

---

[10] siehe Anhang

[11] http://www.shape.de/diaet-und-ernaehrung/lebensmittel/a-31700/vegetarier-sind-gluecklicher.html

Anlageverzeichnis

Anlage

Anlage 1 - Fragebogen zum Thema Wohlbefinden

In Rahmen meiner Belegarbeit in Klasse 11, welche sich um den Vergleich verschiedener Ernährungsformen dreht, möchte ich ein Projekt durchführen, in welchem ich herausfinden will, inwieweit sich die vegetarische Ernährungsweise auf das Wohlbefinden einzelner Menschen auswirkt. Dazu bitte ich euch, den vorliegenden Fragebogen einmal bevor ihr euch 14 Tage lang vegetarisch ernährt auszufüllen und einmal nach diesem Zeitraum. Bitte kreuzt an, wie oft die beschriebenen Faktoren bei euch auftreten und inwiefern ihr diese als störend bezeichnet.

Stressoren	**Häufigkeit**			**Bewertung**		
	Nie	Manchmal	Sehr oft	Nicht störend	Etwas störend	Stark störend
Ich fühle mich unwohl.						
Ich bin unausgeglichen.						
Ich bin gestresst.						
Ich fühle mich schwerfällig.						
Mein Kreislauf ist instabil.						
Ich bin körperlich nicht belastbar.						
Ich habe Schlafprobleme.						
Ich habe Gelenkschmerzen.						
Ich finde mich zu dick.						
Ich habe Hautprobleme.						
Ich habe Mitleid mit den ausgebeuteten Tieren, welche ich esse.						

Anlage 2

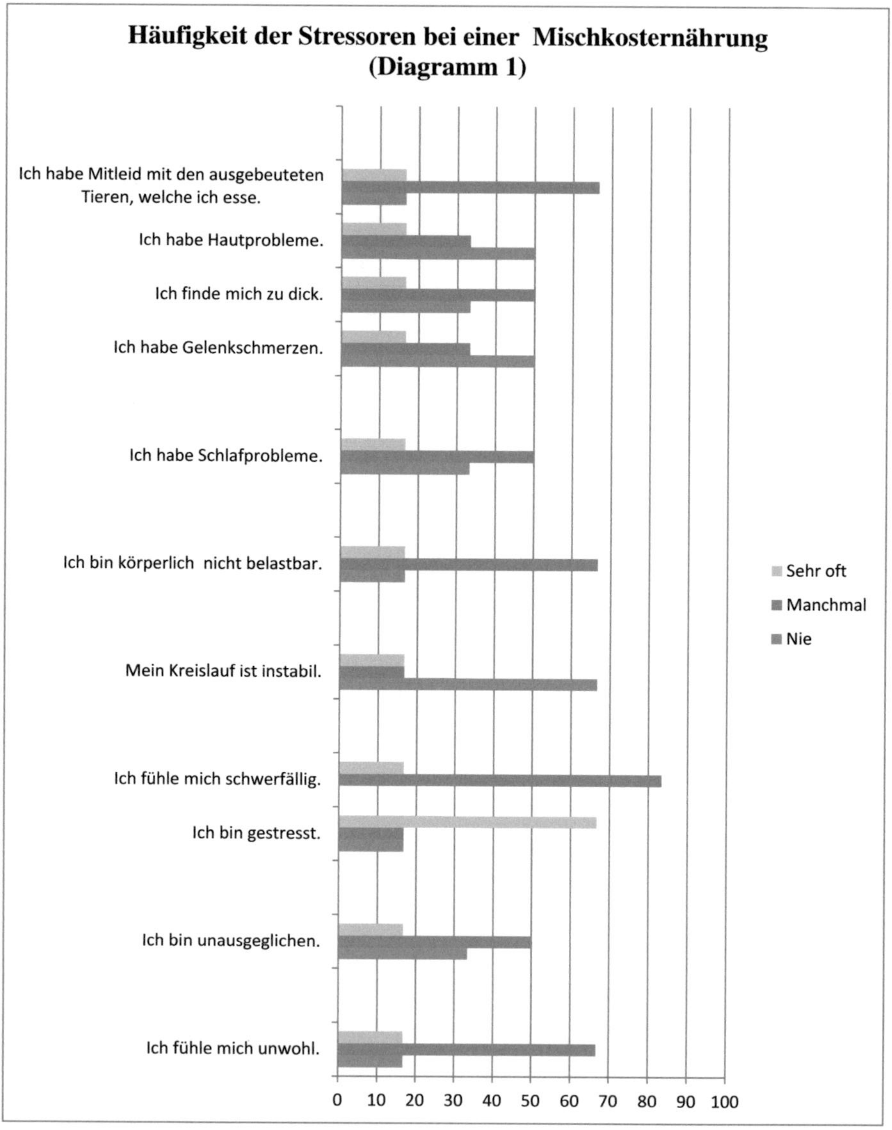
Häufigkeit der Stressoren bei einer Mischkosternährung
(Diagramm 1)
Ich habe Mitleid mit den ausgebeuteten Tieren, welche ich esse.
Ich habe Hautprobleme.
Ich finde mich zu dick.
Ich habe Gelenkschmerzen.
Ich habe Schlafprobleme.
Ich bin körperlich nicht belastbar.
Mein Kreislauf ist instabil.
Ich fühle mich schwerfällig.
Ich bin gestresst.
Ich bin unausgeglichen.
Ich fühle mich unwohl.
0 10 20 30 40 50 60 70 80 90 100
Sehr oft
Manchmal
Nie

Anlage 3

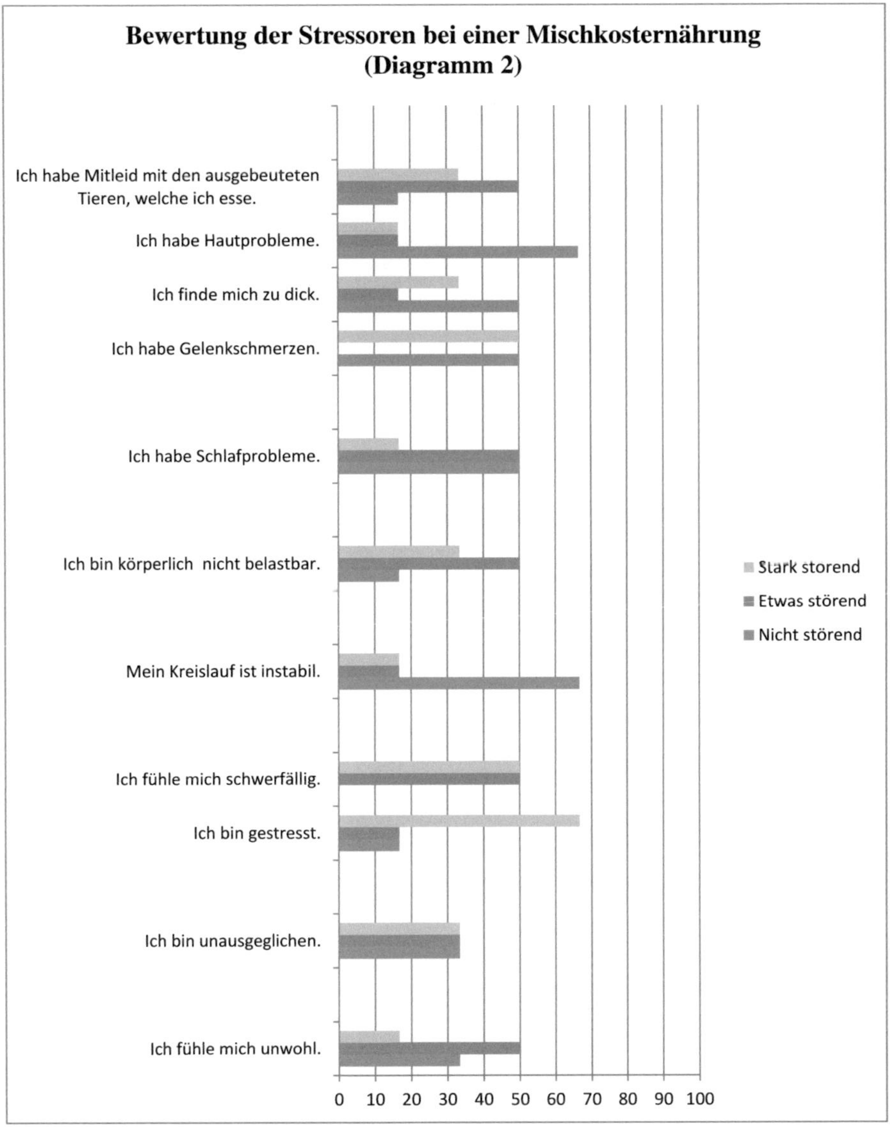

Bewertung der Stressoren bei einer Mischkosternährung
(Diagramm 2)
Ich habe Mitleid mit den ausgebeuteten Tieren, welche ich esse.
Ich habe Hautprobleme.
Ich finde mich zu dick.
Ich habe Gelenkschmerzen.
Ich habe Schlafprobleme.
Ich bin körperlich nicht belastbar.
Mein Kreislauf ist instabil.
Ich fühle mich schwerfällig.
Ich bin gestresst.
Ich bin unausgeglichen.
Ich fühle mich unwohl.
0
10
20
30
40
50
60
70
80
90
100
Stark storend
Etwas störend
Nicht störend

Analge 4

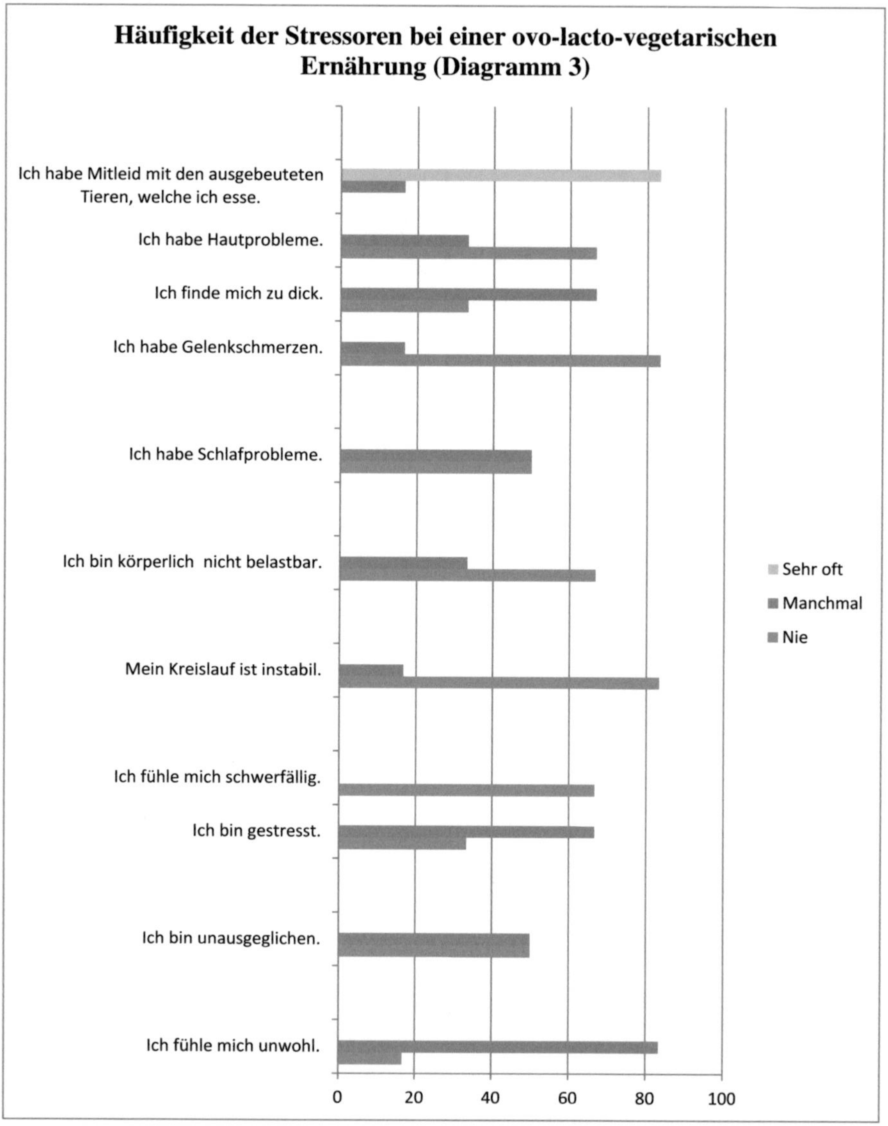

Häufigkeit der Stressoren bei einer ovo-lacto-vegetarischen Ernährung (Diagramm 3)
Ich habe Mitleid mit den ausgebeuteten Tieren, welche ich esse.
Ich habe Hautprobleme.
Ich finde mich zu dick.
Ich habe Gelenkschmerzen.
Ich habe Schlafprobleme.
Ich bin körperlich nicht belastbar.
Mein Kreislauf ist instabil.
Ich fühle mich schwerfällig.
Ich bin gestresst.
Ich bin unausgeglichen.
Ich fühle mich unwohl.
0
20
40
60
80
100
Sehr oft
Manchmal
Nie

Anlage 5

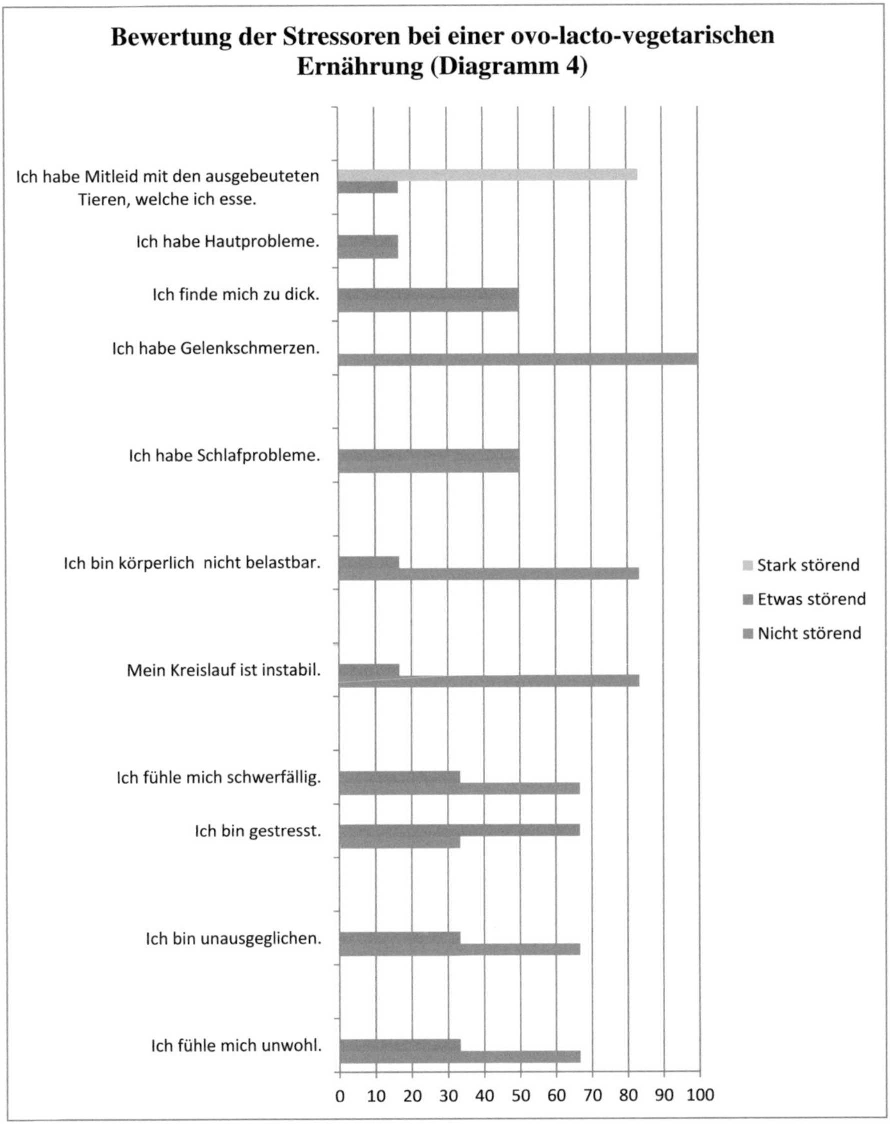

Bewertung der Stressoren bei einer ovo-lacto-vegetarischen Ernährung (Diagramm 4)
Ich habe Mitleid mit den ausgebeuteten Tieren, welche ich esse.
Ich habe Hautprobleme.
Ich finde mich zu dick.
Ich habe Gelenkschmerzen.
Ich habe Schlafprobleme.
Ich bin körperlich nicht belastbar.
Mein Kreislauf ist instabil.
Ich fühle mich schwerfällig.
Ich bin gestresst.
Ich bin unausgeglichen.
Ich fühle mich unwohl.
0 10 20 30 40 50 60 70 80 90 100
Stark störend
Etwas störend
Nicht störend

Anlage 6 - Ernährungsplan

	Frühstück	Mittagessen	Abendessen
Montag, 17.02.	Müsli und Milch	Grießbrei	Brot und Käse
Dienstag, 18.02.	Müsli und Milch	Gemüse und Reis	Brot und Eiersalat
Mittwoch, 19.02.	Müsli und Milch	Kartoffeln und Quark	Salat
Donnerstag, 20.02.	Müsli und Milch	Eierkuchen	Brot überbacken mit Tomate und Schafskäse
Freitag, 21.02.	Müsli und Milch	Bratkartoffeln	Tomatensuppe
Samstag, 22.02.	Knäckebrot mit Marmelade	Kartoffelbrei und Gemüse	Vollkornbrot mit Frischkäse und Gurke
Sonntag, 24.02.	Brötchen mit Honig	Nudeln mit Tomatensoße	Pommes
Montag, 25.02.	Müsli und Milch	Kartoffeln und sauer Eier	Salat
Dienstag, 26.02.	Müsli und Milch	Nudelsuppe	Brot und Quark
Donnerstag, 27.02.	Müsli und Milch	Couscous und Gemüse	Dinkelbratling
Freitag, 28.02.	Müsli und Milch	Milchreis	Kartoffelsuppe
Samstag, 01.03.	Brötchen mit gekochten Eiern	Bratkartoffeln	Salat
Sonntag, 02.03.	Rührei	Gemüse und Reis	Vollkornbrot mit Tomate und Mozzarella

Literaturverzeichnis

Martina, Hahn (2014): Trend vegan. Was bedeutet Vegan? In: Sächsische Zeitung, 69. Jahrgang – Nr. 41, 18. Februar 2014, S. 22-23

Martina, Hahn (2014): Trend vegan. Pro & Contra zur Serie „Trend vegan“ In: Sächsische Zeitung, 69. Jahrgang – Nr. 42, 19. Februar 2014, S. 21

Schlieper, Cornelia (2007): Grundfragen der Ernährung. In: Büchner, Felix (Hrsg.): 19. Auflage, Hamburg: Handwerk und Technik, S. 375

o.V (o.J.): Nahrung des Menschen. http://ms1-oelsnitz.dyndns.info/2011/Gruppe1/HTML-Seiten/Nahrung%20des%20Menschen.htm (abgerufen am 17. Februar 2014)

o.V (o.J.): Bestandteile der Nahrung. http://m.schuelerlexikon.de/mobile_biologie/Bestandteile_der_Nahrung.htm (abgerufen am 17. Februar 2014)

Härtel, Selina (o.J.): Deutsche Gesellschaft für Ernährung: "Wir empfehlen vegetarische Dauerkost." https://vebu.de/aktuelles/news/613-deutsche-gesellschaft-fuer-ernaehrung (abgerufen am 4. März 2014)

o.V. (o.J.): Cobalamine. http://de.wikipedia.org/wiki/Cobalamine (abgerufen am 08. März 2014)

o.V. (o.J.): Vor- und Nachteile vegetarischer Ernährung – Referat. http://www.lerntippsammlung.de/Vor_-und-Nachteile-vegetarischer-Ern-ae-hrung.html (abgerufen am 08. März 2014)

Fojcik, Monika (o.J.): Vegetarier sind glücklicher. http://www.shape.de/diaet-und-ernaehrung/lebensmittel/a-31700/vegetarier-sind-gluecklicher.html (abgerufen am 11. März 2014)